中国少年儿童科学普及阅读文库

探索·科学百科™ 中阶

能源

中国少年儿童科学普及阅读文库
TANSUO
KEXUEBAIKE
★★★★★
1级B4
探索·科学百科

[澳]安德鲁·恩斯普鲁克⊙著
刘真(学乐·译言)⊙译

Discovery
EDUCATION™

全国优秀出版社
全国百佳图书出版单位
广东教育出版社 掌乐

图书在版编目（CIP）数据

Discovery Education探索·科学百科.中阶.1级.B4，能源／[澳]安德鲁·恩斯普鲁克著；刘真（学乐·译言）译. —广州：广东教育出版社，2012.6

（中国少年儿童科学普及阅读文库）

ISBN 978-7-5406-9081-6

Ⅰ.①D… Ⅱ.①安… ②刘… Ⅲ.①科学知识—科普读物 ②能源—少儿读物 Ⅳ.①Z228.1 ②TK01-49

中国版本图书馆 CIP 数据核字(2012)第086422号

Discovery Education探索·科学百科（中阶）
1级B4 能源

著 [澳]安德鲁·恩斯普鲁克　译 刘真（学乐·译言）

责任编辑 张宏宇 李 玲　助理编辑 能 昀 李开福　装帧设计 李开福 袁 尹

出版 广东教育出版社
地址：广州市环市东路472号12-15楼　邮编：510075　网址：http://www.gjs.cn
经销 广东新华发行集团股份有限公司　　印刷 北京盛通印刷股份有限公司
开本 170毫米×220毫米 16开　　　　　印张 2　　字数 25.5千字
版次 2012年6月第1版 2012年6月第1次印刷　装别 平装

ISBN 978-7-5406-9081-6　定价 8.00元

内容及质量服务 广东教育出版社 北京综合出版中心
电话 010-68910906 68910806　网址 http://www.scholarjoy.com
质量监督电话 010 68910906 020-87613102　购书咨询电话 020-87621848 010-68910906

Discovery Education 探索·科学百科（中阶）

1级B4 能源

全国优秀出版社
全国百佳图书出版单位　　广东教育出版社　学乐

目录 Contents

能量之源

大自然提供了多种形式的能源，而人类每天都在以不同的方式使用这些能源。能源可以为家庭和车辆提供动力，为人们提供热水，并帮助我们完成工作。能源分两种：可再生能源和不可再生能源。可再生能源，如风能、太阳能、水电能，经人类使用后，会立刻由大自然补足。非再生能源，如石油、天然气、煤，经人类使用后，其自然弥补速度远不及我们的使用速度。一旦被使用，非再生能源数千年内不会再生。

能源的出处

化石能源，如煤炭、石油和天然气，是从地下开采出来的。太阳能来自太阳光照。风和水的移动动能产生风能和水电能。

石油和天然气
石油和天然气都处于地壳的矿囊中。

煤
煤从地下挖出后，燃烧可释放其内含的能量。

核能
核电站利用铀原子核裂变释放其内含的能量。

地热能
采集地下热水释放的蒸汽用于发电。

生命能量

如同机器工作需要能量一样，人类自身也需要能量来维持生命。人们做的每一件事，从思考到移动，都需要能量。我们进食获得营养，然后这些营养被转换成能量，这样我们才能从事各种活动。功率是用来形容能量消耗速度的指标。

跑步

我们跑步燃烧的能量取决于自身的体重和奔跑的速度。

食物能量之源

各种食物（如水果）内含多种营养，人体通过自然消化将这些营养转换成能量。

主要能源

目前，全球大部分的能源需求都是靠使用不可再生的化石燃料（如煤、石油、天然气）来满足的。

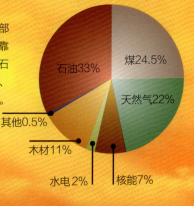

石油33%
煤24.5%
天然气22%
其他0.5%
木材11%
水电2%
核能7%

能源的使用者

有些国家的能源消耗要比其他国家多得多。美国的能源消耗量大约占全球能源消耗总量的25%。

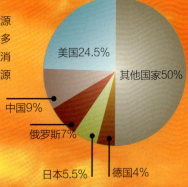

美国24.5%
其他国家50%
中国9%
俄罗斯7%
日本5.5%
德国4%

水电能
水流转动涡轮机发电。

风能
风的力量被用于转动涡轮机发电。

太阳能
采集阳光中的能量，并转换成电力。

潮汐能
获取海潮的力量用以驱动涡轮机发电。

石油和天然气

人类对石油和天然气的需求是无止境的，但其供应必定是有限的。石油和天然气的形成需要几百万年的时间，所以依赖生物能源的再生是行不通的。在已知能源正在被消耗殆尽之时，人类寻找新能源的努力一直在进行着。所以最大限度使用有限的能源变得日趋重要。

石油钻井平台

海洋石油钻井平台是一座巨大的海上石油生产平台。该平台由钢铁和混凝土制成，数百人在平台上工作，从海床下获得石油和天然气。

化石燃料储备

地球上只在某些地方发现了化石燃料，主要位于中东国家。这些国家将其能源出售给其他国家。

天然气储备

俄罗斯 30.7%
其他国家 37.3%
伊朗 14.8%
卡塔尔 9.3%
沙特阿拉伯 4.0%
阿联酋 3.9%

石油储备

沙特阿拉伯 24.9%
其他国家 37.4%
伊拉克 10.7%
科威特 9.2%
伊朗 8.5%
阿联酋 9.3%

石油和天然气的形成

石油和天然气被称作化石燃料是因为它们是古代动植物的遗骸化石经数百万年的地层挤压而形成的。

落于海床

微小的有机物尸体落到海床上，被泥沙覆盖。

形成地层

随着时间的推移，岩层形成了。这些岩层的压力使有机残留物转化为石油和天然气。

上升

在条件允许的情况下，石油和天然气透过渗透性岩层上升，然而，当遇到非渗透性岩层时就被困住了。

钻探储层

在岩层条件合适的情况下，石油和天然气聚集在储层中。经钻探至储层后，石油和天然气被抽出。

风险与回报

　　钻探石油和天然气是一项冒险、肮脏且代价不菲的工作。对从事这一行的公司来说，其回报却是非常巨大的，因为他们可以出售这些宝贵的资源。

煤炭

煤炭是古代沼泽植物在泥沼中腐烂后的残骸经地层挤压而形成的。地层的压力将腐烂的植物转化成不同类型的煤炭。如今，我们将煤炭挖出，使之燃烧发热发电。现在煤炭的使用量超过地球上任何其他能源。

其他国家 30.2%

美国 25.4%

澳大利亚 8.3%

俄罗斯 15.9%

印度 8.6%

中国 11.6%

煤炭储备

地球上只有局部地区发现了煤炭。已知储量的三分之二以上集中在 5 个国家，即美国、俄罗斯、中国、印度和澳大利亚。

开采煤矿

开采煤矿需要将煤从地下挖出，送至地面，然后再运至使用场所。此处显示的工艺被称作连续采煤法。

进风井

矿工沿这条竖井下降至煤矿床。

深邃的隧道

矿工在地下深处开掘出隧道，使用金属支架支撑其顶部。

矿工

矿工被运送至巨大矿井内的工作场所。

料车

这个巨大的金属容器将煤搬至地面。

切割头

这台机器使用带有尖齿的转轮挖煤。

煤的形成

被埋于地下的植物要经过几千年后才会变成煤。经过挤压，被埋物质失去了自身大部分的水分、氧气和其他气体，仅剩的碳最后被挤压成不同种类的煤。

泥煤

腐烂的植物变成泥煤。

褐煤

泥煤经岩石挤压变成褐煤。

烟煤

随着时间流逝，压力变大，褐煤变成了烟煤。

无烟煤

最好的煤被称作无烟煤，是受到最大的挤压后形成的。

露天矿

露天矿是可以经地表剥离覆盖在矿体上的浮土层和围岩，直接露天开采矿体的矿藏。矿藏，比如煤炭，被挖出运至别处后，会留下一个巨大的矿坑。

核能

用户家

有人认为核能能解决世界能源问题。还有人认为利用核能是一个危险的过程，会留下有害物质，所以不应采用。可见，核能是极具争议的能源。核能是使某些原子（主要是铀原子）以原子核裂变方式反应而释放能量。释放出的能量被用于给水加热产生蒸汽，蒸汽则转动涡轮机发电。

核能生产

　　少量的核燃料反应产生的热量被转移至水中。这一过程产生的蒸汽带动涡轮机发电。电能经输电线路输送至千家万户。

核电站

　　2009年，核电站生产了全球约14%的电能。

广岛核爆炸

　　1945年8月6日，美国在日本广岛投下了一颗原子弹，世人由此目睹了核能的毁灭性能量。

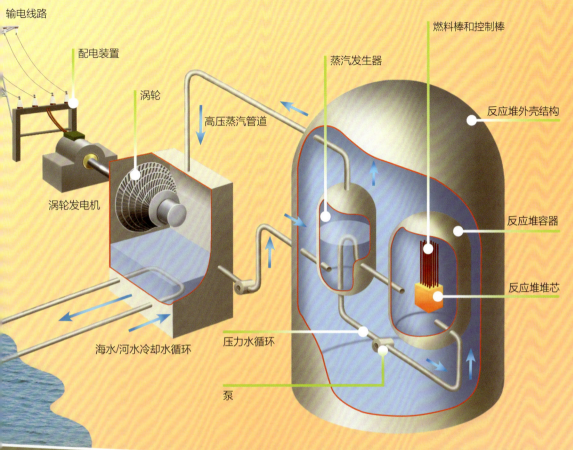

输电线路

配电装置

涡轮

涡轮发电机

高压蒸汽管道

蒸汽发生器

燃料棒和控制棒

反应堆外壳结构

反应堆容器

反应堆堆芯

海水/河水冷却水循环

压力水循环

泵

亥破坏
　　除8万人被瞬间杀死外，广岛的核爆炸还将城市大部分夷为平地，并遗留下放射性毒害，最终的死亡人数达14万人。

玛丽·居里
　　玛丽·居里和她的丈夫皮埃尔一起发现了两种新元素：钋（pō）和镭及其天然放射性。在她的镭研究所里，玛丽·居里致力于研究如何将镭用于医疗。

玛丽·居里研究镭、钋、钍及其他放射性物质

地热能

地热能是利用地壳内部的热能。在有些地方，蒸汽能够从地球内部自然喷出。在另一些地方，用水泵将水压至地下加热，返回后被收集起来。在这两种情况下，地热发电厂都可以获得蒸汽，使其通过涡轮机发电，然后输送至千家万户。

不可思议！

从地表每向地心前进100米，温度就会上升3摄氏度。所以，地表以下4千米处的温度达120摄氏度。

黄石温泉

美国黄石国家公园的温泉是地壳内部热能产生热水和蒸汽的典型案例。

地热电站

　　将冷水用水泵压至地下深处的孔洞，由下方的炽热岩体自然加热。热水重新升至地面后用作发电。

1 输电网

2 变压器

3 发电机

4 涡轮机

5 电站回路

6 热交换器

7 生产环流

8 每个标记代表1千米

9 隔热沉积岩

10 将冷水用水泵压至地下

11 水流经炽热的裂隙岩体

12 由炽热、干燥的花岗岩体组成的透水区域

13 加热后的水及蒸汽经过管路到达地面

潮汐能和水电能

水 可以发电。方法之一是利用海洋潮汐的自然运动能量。另一种方法是将水储存在水库中，然后引出水流发电，此为水电能。只要有水源，这种能量是可再生的。

潮涨潮落

潮汐电站利用潮水的来回运动发电。运动的水流驱动涡轮机的叶片转动产生电能。

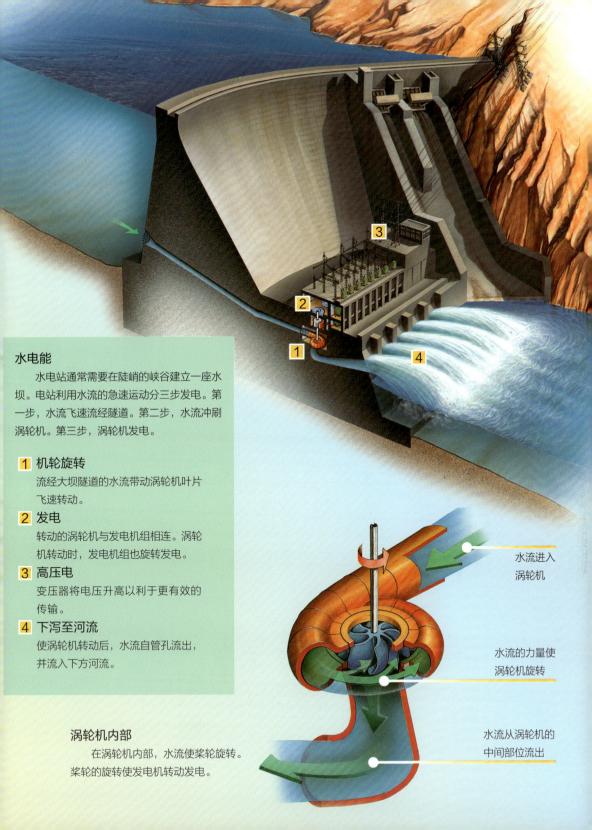

水电能

　　水电站通常需要在陡峭的峡谷建立一座水坝。电站利用水流的急速运动分三步发电。第一步，水流飞速流经隧道。第二步，水流冲刷涡轮机。第三步，涡轮机发电。

1 **机轮旋转**
流经大坝隧道的水流带动涡轮机叶片飞速转动。

2 **发电**
转动的涡轮机与发电机组相连。涡轮机转动时，发电机组也旋转发电。

3 **高压电**
变压器将电压升高以利于更有效的传输。

4 **下泻至河流**
使涡轮机转动后，水流自管孔流出，并流入下方河流。

水流进入涡轮机

水流的力量使涡轮机旋转

水流从涡轮机的中间部位流出

涡轮机内部

　　在涡轮机内部，水流使桨轮旋转。桨轮的旋转使发电机转动发电。

风能

从树枝的晃动可以轻易看出风具有能量。长期以来，人类利用风能驱动船只、抽取水源。风能的现代化利用方式是通过风力发电场实现的，风力发电场利用巨大的叶片捕获流动的空气，并将其转换成电能。风能是一种清洁的、可再生的能源，对世界能源总量的贡献越发重要。

风力发电场

2010年初，风力发电量排名前两位的国家是美国和德国。

第一座风力发电场 1980 年建于美国新罕布什尔州。

风车

风车的使用已超过1500年。第一座风车出现在古代波斯（现在的伊朗），装有布质横帆。欧洲人改进了这种风车，他们升起竖帆以捕捉更多的风能。

公元500年
波斯风车

公元1400年
欧洲的塔式风车

公元1850年
农用风车泵

公元2000年
现代化的风力涡轮机

风能利用

　　风力发电场必须处于风能充沛的地区。电脑探明当前的风向，将巨大的叶片调至来风方向。叶片的旋转运动被转化为电能。

齿轮箱

齿轮箱由涡轮轴驱动，并控制发电机速度。

涡轮轴

叶片带动主涡轮轴旋转，其旋转速度取决于风的强度。

发电机

发电机做旋转运动，并将其转化为电能。

叶片

叶片的角度可以调整，以控制大风时的反应。

机舱罩

机舱罩内含机械装置，在塔架上转动以保持叶片面朝风向。

塔架

叶片被吊装至塔架上，与地面保持一定的安全距离。塔架内含电缆，将电力输送至地面。

电缆

地下电缆聚集风力发电场的电力。

太阳能

太阳每时每刻都释放出巨大的能量。来自太阳释放出的能量既温暖了地球又养活了地球上所有的生命。人类正在越来越多地采集部分太阳能用来发电以及给水加热。许多太阳能系统安装在个人的家庭中，越来越多的家庭在使用太阳能板和太阳能热水系统。电力公司也正在建设更多的太阳能电站，用作商业发电。

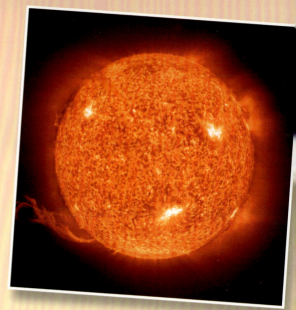

超级发电站

和今天的情形大体相似，太阳几十亿年间一直在发散能量，并且未来数十亿年依然会如此。

到达地球的太阳能足以满足我们所有的能源需求。关键在于如何采集太阳能。

太阳能电站

太阳能发电站是利用太阳能发电的商业形式之一。太阳能电站采集太阳射线，使其转化为电能，并输入电网。

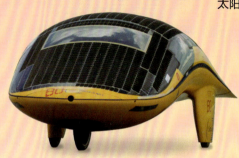

转换阳光

太阳能电池通过晶体硅捕获阳光。阳光唤醒晶体中的电荷，电荷沿导线运动形成电流。

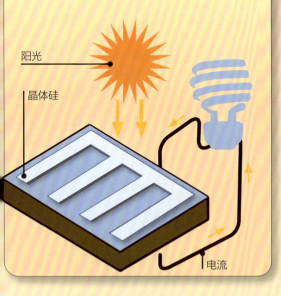

阳光

晶体硅

电流

未来车辆

太阳能驱动的车辆仍处于试验阶段。但从1985年起，每年都会举行太阳能车比赛，比赛用车全部都是由太阳能驱动的。

户外照明

利用太阳能不一定要规模巨大或花费甚多。普通的太阳能庭院灯白天靠太阳能充电，夜晚提供户外照明。

垃圾能

如何处理人类丢弃的废物是当前全世界面临的一个共同问题。我们知道应该减少制造废物、二次利用废物以及循环使用废物，但显而易见的是，每年很多废物都被填埋。处理这一被埋资源的方法之一就是将其当作能源使用。在垃圾填埋场设置一座生物反应器可采集被埋垃圾产生的甲烷气体发电。

垃圾填埋场里有什么？

垃圾填埋场里高达90%的垃圾可以被回收再利用或用于制作堆肥，再次成为对人类有价值的东西。下图显示典型发达国家的垃圾填埋场中发现的各种废物。

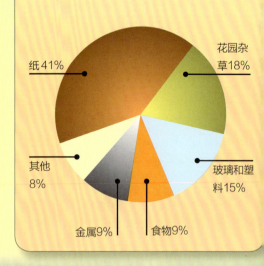

纸41%

花园杂草18%

玻璃和塑料15%

食物9%

金属9%

其他8%

处理填埋垃圾

用推土机挤压垃圾填埋场的废物，使得细菌分解其中难以分解的有机物。

物反应器

将废物用作燃料源的机器被
为生物反应器。生物反应器采
填埋废物腐烂散发出的甲烷气
并燃烧该气体发电。甲烷是
种温室气体，将其用作能源可
少其进入大气的数量。

发电机

发电机接收甲烷，并
将其转化成电能。

电能

输电线路将电能
送至使用场所。

液体

垃圾腐烂所产生的液体
是循环流动的，以促使
垃圾更快地分解。

甲烷

甲烷经管道收集
后送至发电机。

你知道吗？

约60%的甲烷来自于人造
源，如被填埋的垃圾。其他则
来自自然源。

被填埋的垃圾

被填埋的垃圾在泥土
中腐烂后产生甲烷。

生物燃料

生物燃料是一种具有巨大潜力的可再生能源。生物燃料取材于生活物资，如植物废料、大豆、玉米这样的农作物，甚至还包括水藻。通常，生物燃料被当做石油燃料（如汽油、柴油）的替代物或添加剂，用于驱动车辆。虽然生物燃料有许多优点，如可再生性和低污染性，但也有缺点，制造生物燃料本身耗能巨大，还可能会改变农业满足粮食供给的努力方向。

优点	缺点
以植物为本，是可再生燃料。	种植植物燃料面积的增加意味着食用作物的种植面积减少。
与石油类燃料相比，污染较小。	制造生物燃料所消耗的能量比其本身能够产生的能量多。
和使用石油相比，对全球变暖的影响较小。	通常不可能大量替代其他燃料的消耗。
有些生物燃料，比如生物柴油，在不需改动现有设备的情况下就可以使用。	如果将有更多的土地用于种植生物燃料，动物会失去栖息地。
可以从动物油脂这样被当做废物的物质中制取。	会产生其他的环境问题。

乙醇

乙醇是可用于驱动汽车的一种生物燃料。乙醇通常用玉米制造，同汽油以各种比例混合后使用。

生物燃料的制造

　　利用植物自然生长过程可以获取生物燃料。植物获取阳光和二氧化碳后，被分解为糖类，后又转化为燃料。

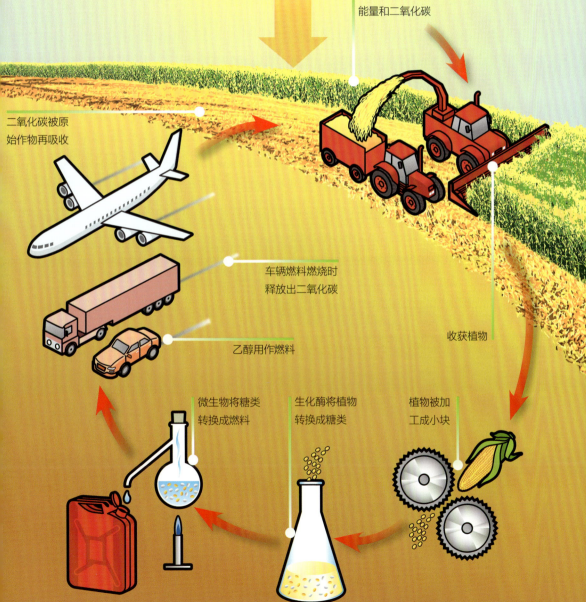

阳光和二氧化碳在空气中自然存在

植物获取太阳的能量和二氧化碳

二氧化碳被原始作物再吸收

车辆燃料燃烧时释放出二氧化碳

乙醇用作燃料

收获植物

微生物将糖类转换成燃料

生化酶将植物转换成糖类

植物被加工成小块

节能家庭

家庭节能是缓解能源荒的重要一环。家庭产生了全球三分之一的温室气体。所以，家庭节能不仅仅是长期节省开支的好方法，而且能够节约地球能源。另外还有一个好消息，现在的家庭只需要花费少量的时间和金钱就可以提高家庭能效。

回收

回收意味着不需要重新制造新物品，这样能耗就变小了。

温室

阳光提高室内温度有助于家庭冬季取暖。温室还可以为地下管道系统用水加热，这些热水也可以提高屋内温度。

隔热与窗户

墙壁和屋顶的隔热层有助于在冬季保温，夏季隔热。双层玻璃的窗户也可以阻止热量外泄。

堆肥

厨房的食物残渣和院子里修剪出的花草可用于制作堆肥，这样既减少了垃圾，又可以为花园提供养料。

电

在屋顶安装太阳能板或风力涡轮机都可以为家庭提供电能，使家用电器运转。富余电量还可以输入电网。

照明

天窗和引光管可以提供自然光照亮房屋，不消耗能源。使用节能灯泡也会减少电能消耗。

热水

太阳能利用太阳的能量给水加热，从而减少所需电能或天然气。

家用电器

厨房电器和洗衣设备耗能情况差异极大。选用节能型的冰箱、洗碗机、洗衣机和烘干机能减少能耗。

地面

温室加热的水在地面下循环，可以为室内保温。因为热量会上升，所以加热地面亦使整座房屋保温。

小档案

能量的世界引人入胜，种类繁多，包括可再生能源和不可再生能源，并且能源的使用方法也有很多。研究人员一直在探寻创造能源以及更高效利用能源的新方法。想象一下未来的某一天，我们可以使用清洁、稳定、便宜的能源。有几种能源，如太阳能和风能，为我们保留了这种希望。

"尖叫咖啡"

如果你在8年中，每年有7个月每个月有6天都连续尖叫，那么你制造的能量足够加热一杯咖啡。

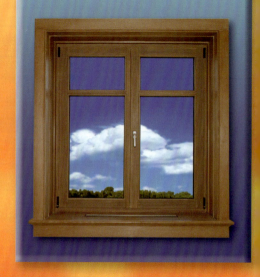

高耸的涡轮机

风力涡轮机越制越大。截止2010年，位于德国的全球最大的风力涡轮机，其叶片长达26米，相当于一个篮球场的长度。

窗户与低能效

从窗户边缘1.6毫米的缝隙溜进室内的冷空气和把窗户拉开7.6厘米时溜进室内的冷空气一样多。

阳光赛车

太阳能赛车，如三轮赛车露娜5号，其最高时速可达每小时150千米。对于一辆完全由太阳能驱动的车辆来说是非常不错的成绩了。

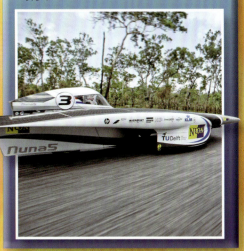

滴、漏、浪费

如果热水龙头每秒滴一滴水，一个月下来可达635升水。这比大多数人两周的用水量还要多。

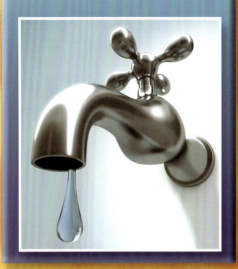

太阳能烹饪

英国天文学家约翰·赫歇尔在19世纪30年代游历非洲。他在探险中使用了一个太阳能收集盒来做饭。

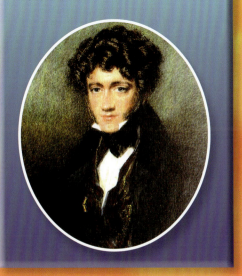

制冷——残酷的现实

在美国，家用冰箱每年消耗的电量相当于25座大型电站全负荷运转一年的发电量。冰箱门每开一次，约丢失30%的冷气。

轮到你了！

选择一种可再生能源，例如太阳能、风能或生物燃料。现在，试着回答以下问题，为这种能源理出一份"基本事实"清单。

1 该能源的优点如何？

2 缺点如何？

3 是否能在全世界使用？

4 是否被广泛使用？如果未被广泛使用，怎么才能使其被广泛使用？

5 大部分人能够负担得起吗？

做一张海报

将你收集到的事实做成海报，向大家宣传你所选择的能够解决能源问题的这种能源。试着加入一些代表该种能源的图片。

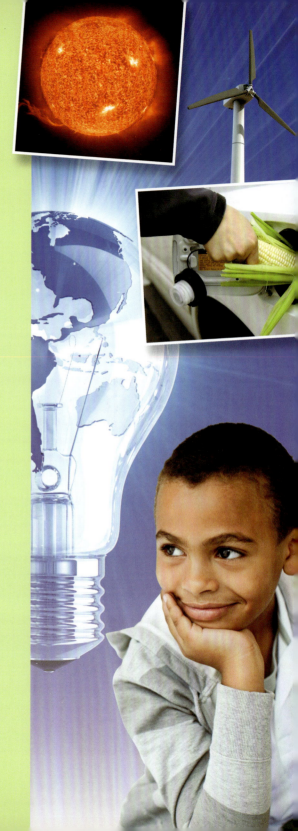

知识拓展

生物燃料 (biofuels)
　　来自可再生生物资源(如植物)的燃料。

生物反应器 (bioreactor)
　　将废物用作燃料源的机器。

煤能 (coal power)
　　燃烧从地下挖出来的煤所产生的能量。

分解 (decompose)
　　腐烂或降解。

化石燃料 (fossil fuel)
　　由史前动植物残骸化石形成的燃料，如煤、石油和天然气。

气 (gas)
　　天然气的另一种名称，也是汽油（gasoline）的缩写形式。

发电机 (generator)
　　一种能够产生电能的动力装置。

地热能
(geothermal energy)
　　地下热水蒸汽所产生的能量。

水电能
(hydroelectric power)
　　水流转动涡轮而产生的电能。

甲烷气体 (methane gas)
　　由分解产生的自然存在的无色无味气体。

机舱罩 (nacelle)
　　风力涡轮机塔架顶端的结构件，用于固定转子轴、齿轮箱和发电机。

核能 (nuclear energy)
　　利用原子反应而产生的电能。

露天矿 (open cut mine)
　　露天矿是可以经地表剥离覆盖在矿体上的浮土层和围岩，直接露天开采矿体的矿藏。

泥煤 (peat)
　　部分腐烂的植被经地层挤压而形成的多种煤的一种。

石油 (petroleum)
　　在地下被发现的，由古代动植物残骸化石形成的液体，作为燃料可燃烧。

孔隙 (porous)
　　布满孔洞、水和其他液体可以通过。

太阳能电池 (solar cells)
　　利用晶体硅捕获阳光发电的电子电路。

太阳能 (solar energy)
　　来自太阳释放的能量。

太阳能板 (solar panel)
　　通过采集光照使之转化为电能的装置。

潮汐能 (tidal energy)
　　利用潮汐引起的水流运动所产生的能量而转化的电能。

涡轮机 (turbine)
　　随液体或气体的流动而转动形成动能来发电的一种发动机。

风能 (wind energy)
　　利用空气流动的力量推动涡轮机转动而产生的能量。

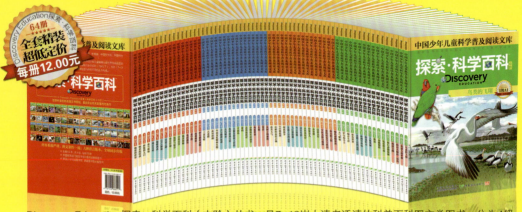